給孩子的

漢字故事繪本

編著 —— 鄭庭胤　　繪圖 —— 陳亭亭

中華教育

給孩子的話

　　小朋友，偷偷告訴你一個祕密，遠在上古時期，我們的老祖先便靠着一代傳一代，將一個大祕寶流傳至今。如此珍貴的寶藏，究竟是來自龍宮的金銀珍珠，還是玉皇大帝的仙丹妙藥呢？答案可能要叫你大吃一驚了，那就是我們生活中無所不在的「漢字」。

　　你可能會很不服氣，說：「這才不是寶藏呢！」但是先別急，試着想像一下，要是沒有文字，這世上會發生甚麼事呢？

　　在古時候，史官靠着手上一枝筆紀錄國家發生的大小事，要是文字消失，歷史也就跟着隱沒在時光中；世上如果沒有文字，我們就沒有課本能夠使用，得在老師講課時，一口氣記下所有知識，可真叫人頭昏眼花！幸好，漢字解決了這些麻煩，就算不必發明時光機器或記憶藥水，我們也能知曉天下事、學習前人的智慧，這麼看來啊，就算說漢字比金銀財寶更加珍貴，也不為過呢！

　　說到這裏，你是不是開始對漢字刮目相看了呢？在這本書裏，邀請到好多漢字朋友來聊聊他們的過去與近況，趕快翻開下一頁，漢字們要開始說故事囉！

目　　錄

dà

大

$\text{人} \rightarrow \text{大} \rightarrow \text{大} \rightarrow \text{大}$

　　「大」字本來的意思是指成年人。試着把雙手雙腳向兩邊張開，擺出來的姿勢是不是很像一個「大」字呢？

　　原來，甲骨文中的「大」就是根據人的樣子所造，上面是頭、中間是身體、從兩側伸出了雙手，下面則是分開站立的兩隻腳。但後人為了在書寫時更方便，拉直了原本彎曲的筆畫，現在要從楷書的外型看出「大」字最原始的意思，可得運用一些想像力了。

小教室：

古裝劇中的醫生被人稱作大夫，但你知道嗎？在古代，大夫同時也是一種官職的名稱喔！

zhōng

中

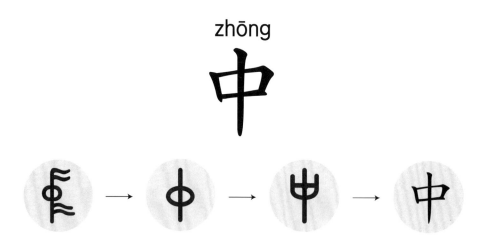

　　古時候的科技不像現在那麼發達，沒有能夠放大聲音的擴音器，那麼要召集民眾時，就得高高豎起旗子讓大家看見，還有大聲打鼓提醒。

　　「中」的甲骨文畫的就是一面隨風飄揚的旗子，旗桿中間則綁着一面鼓，到了金文時，旗子的部分就被省略了，漸漸形成我們現在所看到的「中」。

　　人們從四面八方來到旗桿邊，旗桿就成了大家聚集的中心，所以「中」字也表示正中間的意思。

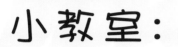

小教室：

　　農曆的七月、八月、九月屬於秋季，在農曆八月十五日時，秋天剛好過了一半，所以我們熟悉的中秋節，就有「八月正中間」的意思喲！

小

川 → 八 → 水 → 小

　　「小」是細微的意思。在甲骨文中，「小」字以三個小點「川」來表示，因為那些小點看起來就像細微的沙子，所以也有人認為「小」原本是沙粒的意思。如果在下方加上一撇，「小」字就成了「少」，原來這兩個字出於同一個源頭，在甲骨文的時期「少」也代表微小的意思，演變成金文時，又多出了稀少、少量的意思。

小教室：

　　「小」跟「少」的模樣是不是很像？試着想想看，你還認識哪些外表相似的字？說不定它們也有親戚關係呢！

tiān

天

$$大 \rightarrow 夭 \rightarrow 页 \rightarrow 天$$

　　只要抬起頭來，隨時都能看見上方的天。天這個字相當有趣，是由「一」和「大」組合而成的。

　　甲骨文的「天」字底下畫的是一個人的形狀「大」，上方則畫了一個「口」來表示人頭頂上的空間，也就是天空的意思。但為了書寫更便利，後來就把「口」簡化成「一」了。

小教室：

「人在做，天在看」是句俗諺，這是指舉頭三尺有神明，就算四周沒有人看見，我們做的事情神明都知道，所以千萬不可以心存僥倖，偷偷做壞事。

kōng

空

穴 → 空 → 空

「空」本來是指洞穴、孔洞的意思，我們可以清楚看到「空」字的上方是個「穴」字，但下面的「工」又有甚麼作用呢？那叫做聲符，它的作用就和漢語拼音一樣，能表示「空」和「工」都含有相似的讀音。

洞穴是山壁或地底的空間，要將內部的沙或土挖出才能形成，所以「空」又引申為空間、裏面沒有東西的意思。

小教室：

　　當我們說「空穴來風」時，通常是指捏造不實傳言。但你知道嗎？這個成語最一開始是指「有空洞的孔穴，自然會有風吹出來」，和「無風不起浪」一樣，都是事出有因的意思。

ri

日

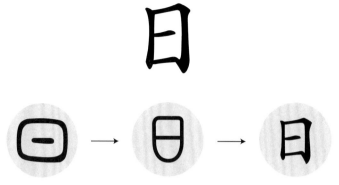

日 → 日 → 日

　　「日」字是星體的名稱，也就是我們每天所見的太陽。太陽東升西落，光芒日復一日地照耀大地，給地球上的萬物帶來生機。

　　「日」是個象形字，「○」畫的是太陽的形狀，中間的「一」則有許多種說法，有人說，那代表太陽表面的太陽黑子，也有人說那是為了區別「○」跟「日」才加上去的。

小教室：

　　雖然沒辦法以肉眼直視太陽，但透過攝影畫面，我們可以看見太陽表面有着小黑點——太陽黑子，它是太陽表面溫度比較低的部分，所以顯得比較暗。

月

$$)) →)) → 月 → 月$$

月兒高高掛，有時像皎潔的白玉盤，有時又如同彎刀，這些都是月相的不同樣貌，古人發現月亮擁有圓缺變化的特性，所以造「月」字時，就以殘缺的半圓形「))」代表月亮。

小教室：

　　為甚麼海水會有潮汐的現象呢？原來除了地心引力外，月球和太陽也具有強大引力，當它們的相對位置改變時，地球上的海水也會受到吸引，自然就出現漲潮、退潮了。

17

星

⌇ → ⌇ → 星 → 星

　　「星」的本字是「晶」。在古代，重複三遍
就有數量很多的意思，所以「晶」的金文「⌇」
畫了三個聚在一起的星體，用來表示眾多星星。

　　後來「晶」字變成「明淨、閃亮」的意思，
只好在星群下方加上表示聲音的符號「⌇」，另
外創造出一個「曐」字代表星星。用來表示星群
「⊖」的符號被簡化為一個，漸漸形成我們現在
看到的「星」字。

小教室：

　　為了研究廣大的星空，古人運用想像力把星星連成容易記憶的各種圖案，於是「星座」就誕生了。

　　試着仰望星空，你能找出自己的星座嗎？

dàn

旦

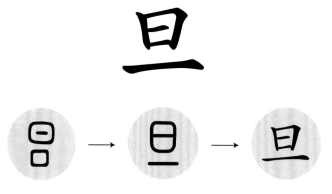

　　「旦」是天亮、早晨的意思。從字形來看，我們不難理解古人造字時的想法，上方的「日」是太陽的模樣，下方的「一」則是表示地平線，合起來一看，是不是覺得「旦」字和清晨太陽剛從地平線升起時的狀態一樣呢？

　　對我們來說，地球是圓形的已經是常識，但古時候科技不如現在發達，人們還以為天空跟大地是兩個貼在一起的平面，所以「旦」字在甲骨文中寫作「旦」，下方的「口」畫的就是大地的樣貌。

小教室：

古人說「一日之計在於晨」，早晨是一天的開始，如果能早早起床、規劃好今天該完成的事項，就不會虛度光陰了！

小朋友，在出門上學以前，你有沒有為自己的一天做好計劃呢？

fēng
風

圓 → 風

　　有沒有想過清涼的風是怎麼來的？無色的空氣充斥在我們身邊，當太陽的光芒照射地球，空氣也一併加溫了，而較熱的空氣會膨脹變輕，當它們往上升時，會帶動周圍的空氣一塊流動，這就是風的成因。

　　古人認為鳥類依賴着風飛翔，所以甲骨文的「風」字寫作「圓」，上方「几」是大鳥的形象，牠下方有雲「乙」和空中的氣流「≥」，全部組合起來，是不是讓人想起鳥兒乘風翱翔的模樣呢？

小教室：

　　當春風吹拂，豐沛的雨水從天上降下時，花草樹木就能生長得欣欣向榮。

　　「春風化雨」指的就是這些適合植物生長的風和雨水，也能比喻成老師們細心的教導喲！

huǒ

火

在人類演化的過程中，有個相當重要的轉捩點：我們的祖先學會了如何使用火。有了火後，人們能在黑暗的晚上自由活動，除了不必再害怕毒蟲和野獸，還能將捕到的獵物烤得香噴噴，生活逐漸便利起來。火字的甲骨文寫作「ㄓ」，是古人觀察火焰燃燒的模樣所造。

小教室：

　　學會如何用火以前，我們的祖先過着「茹毛飲血」的生活，就算捕到獵物，也只能連着獸毛與鮮血一起生吃。

　　所以「茹毛飲血」指的就是人類文明尚未發展前，原始的模樣。

shuǐ

水

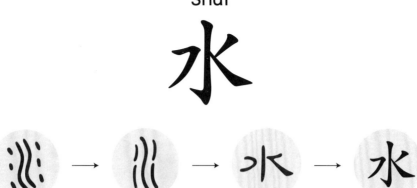

　　你有沒有觀察過水的模樣呢？當我們扭開水龍頭，除了冒出源源不絕的水流之外，周圍還會濺起許多細小的水花。

　　古人在造字時也觀察得相當仔細，「水」字的甲骨文寫作「川」，中間是水的主流「丨」，兩側的小點「丷」畫的是小水滴濺出來的樣子，直到演化為隸書時，「水」字才簡化成我們現在看到的模樣。

小教室：

　　水沒有固定的形狀，所以在重力的影響下，自然會往比較低的地方流動。但是「水往低處流，人往高處走」，可要時常勉勵自己持續進步喲！

tŭ

土

坣 → 𡈽 → 土 → 土

「土」的本義是土堆。下方的「一」就像地面，「0」則是堆疊起來的土塊，還畫上了代表砂土灰塵的小顆粒「八」。也有人說「土」字的「二」代表地底和地面，而「丨」畫的是小動物或新芽從土裏冒出的模樣。

小教室：

　　「鋤禾日當午，汗滴禾下土」，我們吃的每一口稻米都是農夫不辭勞苦，在田裏揮汗種植出來的，所以吃飯時一定要抱持感恩，不可以浪費食物。

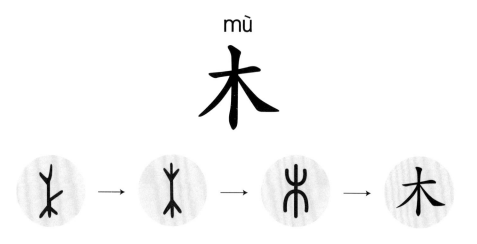

mù

木

樹木可以美化環境，預防土石流，就連我們呼吸的氧氣都要感謝樹木的功勞。樹葉能吸收二氧化碳跟太陽的能量，樹根則埋到地下吸水，等到收集完所有材料，樹木就會進行一種叫做光合作用的反應，產生養分跟我們需要的氧氣。

「木」是個象形字，畫的是樹木向上伸展的枝椏「↓」，以及底下的根「↑」。兩個「木」字合在一起就成了「林」，三個合在一起就叫做「森」，它們都有樹木叢生的意思。

小教室：

　　樹木是我們生活中不可或缺的存在，但因為人們破壞環境、隨意砍伐，樹木的數量已經漸漸減少了。

　　小朋友，你做過紙類回收嗎？想想看，我們要怎麼保護樹木呢？

guāng

光

𦰩 → 𦰩 → 𦰩 → 光

　　很久以前，太陽一下山就伸手不見五指。直到人類學會如何用火，才終於脫離黑暗的階段，所以火焰對古人來說，是一種光明的象徵。

　　甲骨文裏，「光」字畫的就是一個人「𠂤」高舉火燭「𤆍」，照亮黑暗的樣子。

小教室:

　　夏天的太陽升起得比較早,有些國家的人們為了充分利用陽光,便會實行一種叫作「夏令時間」(Summer time)的制度,將時間調快一個小時;如此一來,就能追上太陽公公的腳步,跟着早睡早起了。

yún

雲

雲 → 雲

　　雲的本字是「云」，甲骨文中寫成「𠄠」。下面的螺旋「𠃌」就像白雲捲曲又蓬鬆的模樣，為了表示雲朵漂浮在天上，造字時還多加了一個「上」字「〳」代表天空。

　　後來，又加上「雨」偏旁，另外造出「雲」字，強調出雲朵由小水滴組成，是雨水的來源。

小教室：

人們在創造簡體字時，會從過去的文字中尋找一些靈感，像「雲」的簡體字就使用了古字，寫成「云」唷！

山

　　地球外殼由許多片巨大岩石塊所組成，這些稱為「板塊」的構造緩慢移動着，當它們互相擠壓，就有可能凸出地面，形成山峰。因此位於板塊與板塊交界處的國家，通常會有許多山脈。

　　「山」字的甲骨文「」畫的就是山巒綿延不絕，山谷和山峰高低起伏的樣子。

小教室:

當我們遭遇難以解決的困難時,記得「山不轉路轉」。只要學會隨機應變,換個角度思考有沒有其他解決之道,很可能就會豁然開朗了。

shí

石

石 → 石 → 厃 → 石

　　你有沒有看過斷崖呢？斷崖通常是光禿禿的樣子，因為坡度太陡的地方很難留住泥土跟水，當植物無法生長，斷崖的岩層就會裸露出來了。

　　古人創造「石」字時，或許就是觀察了斷崖的樣子，所以把上方畫成懸崖「厂」，懸崖底下的「口」則代表石塊，兩者組合起來，就很像是山岩的模樣了。

小教室：

　　「滴水穿石」是比喻只要能持之以恆，最後一定會有成果，就像水滴不斷滴在同一個地方，總有一天能把堅硬的岩石貫穿。你對甚麼事情抱有滴水穿石的恆心呢？一開始或許難以看出成果，但長久累積下來可是很可觀的喲！

雨

罒 → 𩇠 → 雨 → 雨

　　雨水經歷漫長的旅行，最後落到地表滋潤萬物。地球上的水會蒸發成水蒸氣，當水蒸氣升到寒冷的空中，就會凝結成雲朵，一旦雲朵裏的小水滴累積到一定的程度，便會因為太過沉重而落到地面，形成降雨。

　　「雨」是古人觀察降雨的樣子所造，「∩」像是厚厚的雨雲，上方的「一」代表天空，夾雜在雲朵中的小點則是雨滴。

小教室：

　　許多地方因為地勢比較低，每當颱風帶來大量的降雨，就很容易因為來不及排水而淹水。

　　災害總是叫人措手不及，所以我們要養成「未雨綢繆」的習慣，才能把傷害降到最低。

川

〳〵 → 〵〵〵 → 〳〳〳 → 川

　　「川」就是河川的意思。中間的一撇原本寫成「〵」，畫的是湍急的水流，兩旁的「〳〵」則代表河流的兩岸。

　　河岸的土質各有不同，當河流沖刷時，軟的河岸會比硬的河岸容易被侵蝕，出現凸出跟凹陷的部分；河水在凹岸會流得快一些，把泥沙沖到凸岸累積，所以久而久之，河流就變得和「川」的甲骨文一樣彎曲了。

小教室：

「海納百川，有容乃大」海水之所以浩瀚，是因為容納了千百條河川。

但你知道嗎？河川的盡頭不只有大海，還可能流入沒有出口的「內陸湖」裏，如果流入的河水不足，這些湖泊的鹽度有可能變得相當高，例如著名的死海。

bīng

冰

仌 → 仌 → 冰 → 冰

　　當氣溫降到零度以下，水會凝結為固體，形成冰塊。如果把一杯水放入冷凍庫結冰，就會發現冰的表面比原本還凸，這是因為水凝結成冰後體積變大的緣故。

　　甲骨文的「冰」字畫的就是冰塊凸起「仌」的模樣 。

小教室：

　　平時喝飲料時，你有沒有發現冰塊總是漂浮在水中呢？對許多生物來說，會漂浮的冰塊可是幫了大忙，因為在天氣嚴寒的時候，湖泊或者海洋表面的浮冰可以把太過寒冷的空氣隔開，剛好成為水中生物的天然保護層呢！

果

　　為了把種子傳播出去，植物想出一種很聰明的法子，那就是結出果實。其中有許多果實是能夠食用的，像番茄、葡萄等，當小動物把這些美味的果實吃下肚，果實裏的種子就能跟着「搭便車」旅行到遠方了。

　　在甲骨文裏，「果」字畫着長在樹木「木」上面的三個果實「ᵒ」。演變到金文時，原本的果實符號被簡化成一個「⽥」，卻也畫得更加仔細了。有沒有看到果實裏的四個黑色小點「∴」呢？那代表着種子。

小教室：

　　植物先開花，等到花朵凋謝後才會結出果實。正因為花與果實有這樣的先後順序，所以「果」字也有「事情的結局」的意思，像是因果、結果。

給孩子的
漢字故事繪本

編著 ── 鄭庭胤　　繪圖 ── 陳亭亭

出版 / 中華教育

香港北角英皇道 499 號北角工業大廈 1 樓 B

電話：(852) 2137 2338 傳真：(852) 2713 8202

電子郵件：info@chunghwabook.com.hk

網址：http://www.chunghwabook.com.hk

發行 / 香港聯合書刊物流有限公司

香港新界大埔汀麗路 36 號 中華商務印刷大廈 3 字樓

電話：(852) 2150 2100 傳真：(852) 2407 3062

電子郵件：info@suplogistics.com.hk

印刷 / 深圳市彩之欣印刷有限公司

深圳市福田區八卦二路526棟4層

版次 / 2018 年 12 月初版
　　　　2020 年 9 月第二次印刷

規格 / 16 開（260mm x 190mm）
ISBN / 978-988-8571-48-2

責任編輯：練嘉茹
封面設計：小草　馬楚燕